QUESTION

DE LA VIDANGE

ET DE LA VOIRIE.

QUESTION
DE LA VIDANGE

ET

DE LA VOIRIE

Considérées sous les rapports de leur valeur agricole,
de l'économie municipale et de l'hygiène publique

PAR

F.-S. DE SUSSEX

CHIMISTE-MANUFACTURIER

Délégué au Congrès central d'agriculture
et membre de plusieurs Sociétés savantes

PARIS

DUSACQ, LIBRAIRIE AGRICOLE DE LA MAISON RUSTIQUE,

26, RUE JACOB.

1851

QUESTION

DE LA VIDANGE

ET DE LA VOIRIE.

La publication dans l'*Echo agricole* des lettres que je fais paraître aujourd'hui séparément a suscité chez tous les agriculteurs éclairés une vive inquiétude |sur leurs plus chers intérêts, compromis par la déperdition systématique des matières fécales.

Les propriétaires de Paris ont compris aussi que l'énorme impôt de la vidange était la conséquence de la dépréciation, de la perte et du gaspillage de la matière des fosses, qui contient des substances dont la valeur est telle, qu'elles pourraient exonérer Paris des frais d'extraction et d'enlèvement. Pour arriver à ce résultat, il suffirait de substituer au système actuel de la voirie un traitement exact, économique et mieux entendu par rapport à l'agriculture.

Il importe encore, comme moyen de réforme première, de réduire l'impôt que prélèvent les vidangeurs sur les propriétaires de Paris, et subséquemment sur les cultivateurs.

Nous espérions que l'autorisation de déverser les urines (fussent-elles désinfectées parfaitement) dans les ruisseaux et dans les égouts serait bientôt remplacée par une législation contraire à toute déperdition des matières fertilisatrices. Mais l'entrevue que nous avons eue aujourd'hui avec MM. les préfets de police et de la Seine nous a prouvé qu'il n'était pas du ressort de l'administration de considérer la question sous d'autres rapports que l'intérêt local ou personnel de la municipalité.

Ainsi, nous le disons aujourd'hui comme auparavant, la voirie de Paris c'est le centre d'épuisement de l'agriculture, c'est la fertilité qui nous échappe, c'est la vie à un prix exorbitant qui nous advient, et cependant la voirie est et demeure exclusivement, pour la préfecture de police, une question de salubrité; pour celle de la Seine, une des sources de son budget; pour les vidangeurs, une affaire dont la nature permet de rançonner les propriétaires; pour les adjudicataires, le monopole a pour objet de leur permettre de jeter, de détruire les deux tiers des vidanges, afin de tirer un parti plus avantageux du reste.

Et dans ce conflit, dans ce vandalisme, la détresse de l'agriculture semble n'être qu'un cri étranger, qu'un bruit sauvage, qu'on repousse de tous côtés au fond des campagnes, sans prévoir le choc en retour, sans craindre un écho qui sera la misère publique. Devant cette profonde imprévoyance, nous nous hâtons de reproduire les faits, les analyses, au moyen desquels, par une longue étude de la voirie de Paris, nous sommes arrivé à établir son immense valeur.

Déjà nous avons obtenu de la commission de

la Chambre des représentants une législation spéciale touchant la vente des engrais; nous avons réussi à la convaincre que la vente de ces matières devait reposer sur l'analyse actuelle de la chose vendue, non pas sur la déclaration des matières employées par le fabricant, comme le demandait d'abord l'honorable M. Jusseraud, qui s'est rendu à nos raisons avec un empressement qui prouve que, pour lui, l'agriculture est un principe, non pas un intérêt personnel (1).

Aujourd'hui nous entrons dans une lutte nouvelle, dont le but est d'attirer l'attention de l'autorité active sur des déperditions déplorables, et d'arriver à une réforme des plus urgentes.

On a vu des temps où la disparition du numéraire a dû motiver des mesures préventives; — une loi contre la dépréciation du capital du sol serait à la fois plus importante et plus politique.

---

(1) Voir mon *Traité des Engrais*, page 90; lettres dans l'*Echo agricole* des 1er, 4, 6 mai, et 12 juin.

Que l'agriculture, de son côté, reconnaisse qu'elle est complice des pertes qui l'épuisent, et que son indifférence par rapport aux matières que les populations agglomérées lui empruntent est la cause première de la rupture d'un équilibre de la fertilité que les résidus de l'alimentation des villes peuvent seuls rétablir. Tels sont nos vœux et nos espérances !

Si la connaissance intime des besoins de l'agriculture ne nous trompe pas, elle sera bientôt placée dans une voie d'économie de la substance fertilisatrice dont l'administration s'écarte, parce que les véritables intéressés semblent étrangers à la question.

C'est donc l'agriculture seule qui peut convaincre l'autorité ; elle doit mettre dans la balance des questions locales et administratives ses intérêts, qui sont ceux de la société tout entière ; nous comptons sur l'assentiment de ses membres éclairés, des sociétés et des comices qui sont ses organes, pour nous aider à obtenir une réforme dont nous croyons avoir démontré l'urgence, et pour arrêter l'autorité au moment où elle va sacrifier à un système illusoire de désinfection , et à des intérêts privés, le capital de l'agriculture.

F.-S. DE SUSSEX.

Créteil , 12 juillet 1851.

N. B. Le temps nous manque pour donner une forme plus étudiée aux lettres publiées dans l'*Echo* ; nous les reproduisons dans l'ordre de leur publication.

EXTRAITS

DE L'ÉCHO AGRICOLE

Du 23 Janvier 1851.

Arrêté du Préfet de Police du 1ᵉʳ janvier 1851.

M. Carlier a rendu un arrêté relatif à la désinfection des vidanges. Pour qui veut s'assurer
personnellement de la différence qu'il y a entre
un fait et une ordonnance, il n'y a qu'une simple promenade à faire dans les rues de Paris,
entre onze heures du soir et minuit On s'aper-
cevra facilement que la désinfection officielle
n'a aucune espèce de rapport avec la désinfection telle que la définit le Dictionnaire de l'A-
cadémie : *action par laquelle on ôte l'infection
d'un lieu.*

Dans les observations que nous avons déjà

présentées sur l'arrêté de M. Carlier (1), nous avons exprimé le doute qu'on pût désinfecter assez les matières liquides pour oser les jeter sur la voie publique ; nous avons manifesté la crainte que ces matières, mises en contact dans nos ruisseaux avec des corps de toute nature, n'entraînassent, surtout dans la saison des chaleurs, une réaction, et, par suite, une infection constante, plus nuisible à la salubrité publique que la mauvaise odeur essentiellement passagère qui s'exhale pendant l'opération de la vidange des fosses fixes.

Nous ne nous étions pas trompés dans nos calculs personnels. Nous avons eu depuis l'avantage de nous trouver en rapport avec un des savants qui, théoriquement et pratiquement, se sont le plus occupés de l'étude et de l'emploi des matières fécales et de la constitution des engrais, et nous en avons recueilli les renseignements qui peuvent se résumer ainsi :

La désinfection par la sulfate de zinc est une

(1) *Bulletin de la Société d'agriculture*, 2ᵉ série, tome 6ᵉ, pages 249 et 250. — Séance du 14 août 1850.

question toute nouvelle, surtout quant aux ef-
fets qu'elle doit produire sur les plantes, chez
lesquelles, jusqu'ici, on n'a trouvé aucune trace
de cette substance. Il ne faut pas que la question de salubrité fasse perdre de vue l'influen-
ce qu'un agent aussi dangereux peut exercer
sur la qualité de l'engrais, et aussi sur la salubrité de nos eaux fluviales. Cette opinion se
trouve d'accord avec celle émise par M. Chevreul
dans une des séances de la Société d'agriculture. La désinfection par le sulfate de zinc
doit donc être prohibée, au moins jusqu'à nou-
vel ordre.

La désinfection par le sulfate de fer opère
évidemment, dans une certaine proportion, sur
l'hydrogène sulfuré et les gaz ammoniacaux.

Mais il reste encore dans les matières une
proportion plus considérable de corps dont l'o-
deur est plus infecte et plus nuisible. Ces corps
sont :

L'oxyde de carbone, l'acide carbonique, l'ammoniaque libre, le carbure d'hydrogène, le cya-

nogène, le sulfo-cyanogène, l'hydrogène libre, le phosphure d'hydrogène (1).

Ces corps, le sulfate de fer ne saurait les atteindre, et leur réaction dans les ruisseaux doit être des plus nuisibles à la santé publique.

A ces diverses causes relatives à la salubrité vient se joindre naturellement, en ce qui concerne l'agriculture, la déperdition d'une quantité considérable d'engrais, par le jet des eaux vannes sur la voie publique. On pourrait concevoir, jusqu'à un certain point, cette déperdition, si la salubrité était sauve ; on doit la repousser si, tout à la fois, elle est une cause d'insalubrité pour la ville et une atteinte à la production.

Ces renseignements, M. de Sussex vient de nous les compléter par une note que nous soumettons à l'appréciation de M. le Préfet de police, du Conseil de salubrité, du Conseil municipal et de tous ceux qui ont un intérêt en-

____

(1) La présence de ces corps dans les vidanges a été constatée par les analyses de M. de Sussex.

gagé dans cette grande question des vidanges de Paris.

A. POMMIER,

Rédacteur de l'Écho agricole.

Voici cette note :

1re LETTRE.

« J'ai eu l'honneur de vous remettre les diagrammes des réactions qui s'opèrent entre les constituants odorants des vidanges et les matières auxquelles on attribue la propriété d'effectuer une désinfection complète, tandis que les combinaisons possibles placent tous les procédés connus au dessous des obligations imposées par la salubrité.

» Aujourd'hui, je porterai à votre connaissance quelques chiffres analytiques relativement à la déperdition des eaux vannes, déperdition complétement inutile, même au point de vue de l'hygiène publique ; essentiellement désastreuse pour l'agriculture, et qui, maintenant légalement autorisée, impose pour ainsi dire le devoir d'opposer des faits à un exemple qui, suivi dans les départements, compromet-trait l'équilibre même de la fertilité.

» A ces titres, les mesures de l'autorité, contre lesquelles je me suis élevé dans mon Mémoire au Préfet de police de la Seine (1), sont d'autant plus contraires à toute économie, qu'elles n'atteindront pas même leur but de salubrité. Mais la plus dangereuse chose n'est pas l'autorisation donnée aux vidangeurs de déverser les liquides dans les ruisseaux, sur la voie publique ; ce qui compromet le plus les intérêts de l'agriculture, l'économie de la sub-stance, c'est qu'on veut ériger cette déperdition *en principe*, et que quelques personnes consi-dèrent les urines (eaux vannes) comme étant chimiquement sans valeur.

» Ces chimistes n'apportent pas, à l'appui de telles conclusions, les résultats de la balance, seule compétente en cette manière. C'est de

(1) Ce mémoire a été remis à la préfecture de police au mois de décembre 1850.

leur part une appréciation qui soustrait, par année, 39,849,000 kilogrammes de blé, pour l'azote perdu dans Paris, faute d'examen; et qui, d'une idée, fait un principe dont la généralisation lèse tous les intérêts, compromet même le revenu.

» A l'encontre de cette déperdition systématique, voici quelques observations abrégées de l'étude chimique des voiries de Paris, qui m'a occupé pendant huit mois en 1849.

» Sans entrer dans la question de la quantité d'eaux additionnelles étrangères qui se trouve dans les vidanges, nous allons voir si la déperdition des urines est une amélioration pour la salubrité, et si ces urines sont effectivement sans valeur ou d'une valeur inférieure à celle des matières fécales, en un mot du *hottelage*.

» Pour nous, la perte systématique des eaux vannes accuse la conviction bien arrêtée de l'insuffisance des procédés de désinfection qu'on soutient en apparence.

» Ainsi, il s'est opéré une désinfection suffisante pour que les eaux vannes aient le temps de s'écouler dans les égouts; toutefois, pas assez complète pour un traitement subséquent dans la voirie. A l'égard des matières solides soustraites à une déperdition qui évidemment n'est qu'un expédient mal déguisé, la désinfection est-elle réelle, permanente ; est-elle plus facile à accomplir que celle des eaux vannes ?

» Sait-on, d'ailleurs, quels sont les rapports quantitatifs de la matière liquide perdue , de la matière solide utilisée ? a-t-on bien réfléchi à l'exécution pleine et entière des nouvelles mesures, qui porterait la perte de chaque jour à 949 mètres cubes, et ne laisserait plus que 51 mètres de vidange pour la conversion en engrais ? — N'est-il pas surtout très évident que, si la désinfection a été sensible, c'est seulement pour les urines : car je ne sache pas qu'on osât faire couler le bottelage désinfecté dans les ruisseaux, avec la sécurité que présente l'écoulement des liquides.

» Il est donc comparativement plus facile de désinfecter les eaux vannes que le bottelage. Il serait également plus compatible avec les intérêts de la salubrité de conserver ces mêmes eaux, de préférence aux solides, et si la salubrité exigeait impérieusement un sacrifice, ce n'était pas celui des liquides.

» Ce point accordé, reste à savoir si les eaux vannes ont de la valeur : quelle est cette valeur comparativement à celle du bottelage ? — Et où en seraient les appréciations scientifiques *à priori*, et les mesures administratives, si, par chance, les liquides perdus possédaient, poids pour poids, une valeur presque égale aux solides ; ou s'ils présentaient, dans leur masse, à l'agriculture, des ressources infiniment supérieures ?

» Or, poids pour poids, on pourrait considérer les matières fécales et les urines comme étant également riches en azote : les premières, il est vrai, donneront bien 25 pour 100 de résidu sec ; les autres 6,35 (1) seulement. Mais le résidu sec des fosses dose seulement 0,4 d'azote, tandis que le résidu sec des urines des forts de Paris m'a donné 12,02 pour 100.

(1) J'entends 6,35 pour 100 d'urine réelle ; les eaux vannes de Bondy donnent en moyenne 3,0 pour 100.

» La supériorité serait donc, quant à la production d'engrais, du côté des urines.

» Il est vrai que dans la vidange composée de matières stercorales, d'urines réelles et d'eaux additionnelles, on doit s'attendre à un dosage tout différent. Ainsi, les eaux vannes de Bondy contiennent 0,46 pour 100 d'azote, tandis que l'urine normale des forts de Paris m'a donné 0,87 pour 100. Mais cet abaissement de dosage a pareillement lieu pour le bottelage, qui ne contient plus que 0,36 pour 100 d'azote ; soit un peu moins que les eaux vannes.

» Il est d'ailleurs très conséquent de retrouver dans les eaux vannes tous les sels solubles, une partie de l'azote contenu tout d'abord dans les fosses ; et cela, par suite de la désagrégation des matières ou de la fermentation continuelle que les résidus solides de l'alimentation doivent nécessairement subir.

» Au reste, par la perte des eaux vannes on soustrait chaque jour, dans Paris, à l'agriculture. . . . . 3,474 kil. d'azote.
et . . . . 2,574 » de sels.

» Le bottelage d'un jour
ne contient que. . . .   500 kil. d'azote.
et . . . .   433 » de sels.

» Ces chiffres sont concluants, bien qu'abrégés ; ils montrent assez ce que vaut en chimie une appréciation, un système, en fait de salubrité, et donnent à penser jusqu'à quel point une atmosphère épurée équivaudra au pain perdu.

F.-S. DE SUSSEX.

Du 3 Juillet 1851.

« Nous recevons de M. de Sussex, le chimiste le plus compétent aujourd'hui sur l'importante question du traitement des vidanges, une lettre qui sera suivie de plusieurs autres.

» Déjà nous avons publié du même auteur une série d'observations qui ont contribué à introduire d'importantes modifications dans le projet de loi sur la police des engrais ; nous espérons que les nouvelles considérations qu'il présente, sur le traitement des vidanges de la ville de Paris, auront pour effet d'engager M. Carlier à modifier ses projets.

» A. POMMIER. »

2ᵉ LETTRE.

Créteil, 25 juin 1851.

« De toutes les questions d'utilité générale qui se traînent à la remorque de l'autorité administrative, dans une ornière préjudiciable à tous égards, celle de la vidange de Paris et de la voirie se présentent, sans contredit, en première ligne et offrent le plus déplorable exemple d'économie municipale et agricole.

» Ici, tout se résume en pertes, pour la ville, dit-on, pour les propriétaires des maisons de Paris, pour l'agriculture du pays.

» D'une part, la vidange est onéreuse aux propriétaires, sans aucune compensation ; de l'autre, la ville trouve difficilement, dans le prix de l'adjudication de Bondy, les moyens de balancer les dépenses *très critiquables* que suscite la voirie ; de son côté, l'agriculture est forcée de prendre ces magasins de matières fertilisatrices pour un entrepôt de gaspillages, monopole érigé contre ses intérêts ; enfin l'hygiène publique ne trouve aucune garantie dans ces sacrifices et ces dépréciations dont elle est le prétexte, ou bien l'objet.

» Ici encore, c'est l'incohérence absolue ; pour la ville de Paris, la vidange est un article de son budget, montant à 505,000 fr. par année ; pour la préfectere de police, c'est une question de salubrité : de là le conflit des autorités. « *Si-* » *bi invicem adversantur.* »

» Toujours est-il que pour aucune administration la voirie n'a encore été une question de justice, soit envers l'agriculture, ou bien par rapport aux propriétaires, qui paient aux vidangeurs plus de 2,400,000 fr. pour l'enlèvement de matières qui semblent destinées à compenser la dépense qu'elles occasionnent.

» Enfin le monopole de la voirie , adjugé constamment à un seul fermier, est une des causes immédiates de cet état de choses , soit parce que le monopole est ennemi des progrès , qui, pour lui , sont superflus , soit que la certitude de vendre les produits , exclusivement placés sous une même main , ait eu pour conséquence le gaspillage et la mauvaise fabrication ; en somme , la ville n'a jamais appris la valeur réelle des vidanges , et les entrepreneurs eux-mêmes l'ignorent à tel point qu'ils perdent plus qu'ils n'utilisent , et ainsi les propriétaires et l'agriculture restent condamnés aux frais et dépens , sans raison , mais nous espérons que ce ne sera pas sans appel.

» Tel est le système de la voirie et de la vidange. Nous ne prétendons pas traiter ici à fond cette question d'économie municipale et agricole ; il faudrait, en ce cas, prescrire les conditions d'une réforme, il est vrai, fort urgente, et tout ce que nous ambitionnons de faire, quant à présent, se résume à empêcher le mal de s'aggraver encore par l'adoption irréfléchie des mesures ou ordonnances du 1er janvier 1851.

» F.-S. de Sussex. »

Du 6 Juillet 1851.

Créteil, 30 juin 1851.

3e LETTRE (1).

« Les ordonnances du 1er janvier 1851 (2), essentiellement contraires au monopole de Bondy, ont en cela un caractère de haute portée. La fabrication des engrais au moyen de la vidange devient libre, et ouverte à la concurrence, sous le double rapport des moyens de

(1) Voir *l'Echo* du 1er juillet.
(2) Les ordonnances prescrivent la désinfection préalable et autorisent l'écoulement des matières liquides sur la voie publique. — Voir *l'Echo* du 9 janvier 1851.

désinfection et de l'économie manufactu-
rière.

» Jusque alors c'est un devoir de justice d'ap-
plaudir aux intentions de M. Carlier.

» Mais, si nous voulons bien nous rappeler
que l'intention ne saurait être réputée pour le
fait, si, en d'autres mots, nous examinons ces
ordonnances dans leurs moyens d'exécution,
alors nous devons changer les louanges contre la désapprobation la plus radicale.

» Tout ce que la vidange, la voirie et le monopole avaient de contraire aux intérêts pécu-
niaires, agricoles et hygiéniques, se présente,
non plus comme un simple fait de mauvaise
administration, mais bien comme un fait auto-
risé et qui assume pour ainsi dire les caractè-
res d'une loi. Ainsi le manque de toute économie devient un principe ; si le monopole cesse
à Bondy, c'est pour passer directement dans
les mains du propriétaire d'un procédé de désinfection qui consiste à jeter directement dans
la Seine les deux tiers de la vidange, et au mi-
lieu de ces mutations, les frais exorbitants de

l'enlèvement des matières restent toujours à la charge de cette classe qui paiera sans relâche : c'est-à-dire les propriétaires.

» Ce qui va suivre servira de justification à ce qui précède. Si nous entrons dans quelques détails sur le passé de la voirie, ce sera uniquement dans le but de convaincre que l'avenir désastreux qu'on lui prépare n'est que la suite des mêmes errements. Nous serions heureux de voir ces détails arriver à temps pour éclairer l'autorité sur un point de pratique dont la connaissance exacte peut seule rendre ses intentions utiles.

» Pendant l'existence du monopole, alors que les vidangeurs n'étaient que des charretiers, obligés de déverser les produits au dépotoir de La Villette, il arrivait chaque jour à Bondy, pendant trois cents jours de l'année, 1,000 mètres cubes de vidanges, soit par le tuyau de conduite, soit dans les barriques.

» J'ai consacré près d'une année à étudier à Bondy même cette importante question hygiénique et agricole.

» La vidange mélangée (eaux vannes et bottelage) m'a donné la composition suivante :

» Eau ,   95.878
» Matières organiques non azotées ,   2.654
» Azote ,   0.400
» Phosphates ,   0.540
» Sels ,   0.300
» Matières étrangères et terres ,   0.228
                                         ————
                                        100.000

» Jusque alors la valeur réelle de la vidange
de Paris n'a été déterminée par aucun chimiste, et, à défaut de connaissance exacte, les fabricants de poudrette ont commis des erreurs
excessivement graves dans leur intérêt et par
rapport à l'agriculture.

» Ainsi les 1,000 mètres de vidange transportés chaque jour à Bondy et déversés dans
les bassins disposés de manière à servir d'ap-
pareils de décantation, se séparent par le repos
en deux parties : l'une semi-solide, qu'on ap-

pelle *bottelage*, *boubasse* et *gras cuit*, et qui s'é-
lève à . . . . 351 mèt. cubes (1);

» L'autre liquide (*eaux
vannes*), et dont l'impor-
tance est de 649   id.
———————
1,000 mètres cubes.

» Ces eaux vannes sont considérées comme
étant sans valeur, et par conséquent tous les
jours aussi on les décante et elles sont ren-
voyées à la Seine.

» Au fait on déprécie les eaux vannes parce
qu'elles présentent, d'une part, quelques diffi-
cultés de traitement, et que, de l'autre, la poudrette est acceptée par les cultivateurs sans référance aucune à sa qualité, ce qui dispense les
fermiers de Bondy de chercher à améliorer
leurs produits.

» Enfin, en mêlant la bourbasse avec de la
tourbe, des terres et matières inertes, on par-
vient à obtenir de 351 mètres de matières semi-

———————

(1) Dans ces 351 mètres cubes il n'y a que 51 mètres cubes
de matières stercorales réelles. Voir page 18.

solides plus de poudrette que la totalité de la vidange, soit 4,000 mètres, n'en contient. Ainsi, la vidange de Paris ne donne que 41,220 kil. de poudrette pure, et tout en perdant 649 mètres, contenant 10,388 kil. de sels ammoniacaux, de phosphates, etc., etc., on obtient par le mélange de matières inertes plus de 350,000 kilog. de poudrette, ce qui, comme procédé de traitement, est très facile, et comme industrie, très profitable. Effectivement tout se résume ici à vendre de la terre à raison de plus de 60 francs le mètre cube ; commerce essentiellement lucratif que les fabricants de poudrette ne peuvent consentir à échanger contre des procédés de traitement avantageux pour l'agriculture, mais dont les résultats équitables sont par cela même beaucoup trop modestes.

» Je conclus donc que la perte des eaux vannes, loin de devoir être attribuée *à leur non-valeur chimique*, est au contraire une perte systématique, et les détails dans lesquels je suis entré sur le commerce de la poudrette donnent à cette proposition une évidence matérielle.

» J'ajouterai quelques autres preuves, si les fabricants de poudrette prétendent que les eaux vannes sont sans valeur agricole. Ils savent bien leur trouver une valeur commerciale et en extraire de l'ammoniaque et des sels ammoniacaux, dans une proportion notable, savoir : en 649 mètres cubes d'eaux vannes j'ai trouvé près de 170 équivalents d'azote, dont chaque équivalent peut donner 75 kil. de sulfate d'ammoniaque.

» Ainsi 1 : 75 :: 170 : 12,750 kil.

» Or 12,750 kil. de sulfate d'ammoniaque à 54 fr. $=$ 6885 fr.

» Voilà la valeur commerciale et incontestable des eaux vannes.

» Voyons maintenant quelles sont les conséquences de la déperdition évidemment systématique de ces matières :

» Les vidangeurs reçoivent chaque jour, pour l'enlèvement de 1000 mètres cubes de vidange, la somme de 8000 fr., somme acquittée par les propriétaires de Paris.

» La ville dispose à son profit des matières,

et ne reçoit que 1665 fr. par jour, comme compensation des frais de la voirie de Bondy. C'est, à raison de 1000 mètres d'enlèvement par jour, 1 fr. 66 cent. 1/2 par mètre.

» Les adjudicataires sur la totalité de la vidange n'utilisent au plus que 351 mètres sur 1000, coûtant 1 fr. 66 cent. 1/2 le mètre, ce qui fait revenir la quantité utilisée à plus de 4 fr. 71 cent. le mètre; en d'autres termes, ce que le monopole paie 500,000 fr. par année pourrait rapporter, d'après la proportion des matières utilisées et du prix obtenu en conséquence de la déperdition, la somme de 1,413,000 fr.

» Enfin, le cultivateur paie aux adjudicataires de la voirie chaque mètre de vidange à raison de 60 fr.

» Que de réflexions suggèrent ces rapports de chiffres et tout ce sytème de disproportion, système onéreux aux propriétaires, aux cultivateurs, peut-être même à la ville, et qui ne satisfait que deux parties : les vidangeurs et le monopole de Bondy.

» Il suffit cependant de voir ces chiffres pour

comprendre que, si les frais de la voirie et les 8,000 fr. de la vidange d'un jour ne sont compensés que dans le rapport de 1,665 fr., ils pourraient, par le simple fait de l'emploi intégral des matières, se réduire, pour la ville et pour les propriétaires, à la différence de 8,000 fr. moins 4,710 fr., soit à 3,290 fr.; et si le prix de vente de la poudrette pouvait un instant être pris comme base, alors, loin d'être onéreuse, la vidange serait un revenu pour le propriétaire de Paris.

» Toujours est-il que la raison d'être de cet état déplorable de la vidange et de la voirie tient immédiatement et uniquement au gaspillage et à la déperdition des matières, déperdition qui, d'une part, sert au monopole pour avilir le prix de l'adjudication, et de l'autre, à rançonner les cultivateurs, dont on se rend maître en détruisant les matières fertilisatrices; car la quantité pourrait tendre à causer la baisse. Funeste système qui épuise définitivement et à la fois le sol et la bourse des cultivateurs, tant par l'inertie des engrais échappés à la déperdition que par l'exagération de leur prix.

» F.-S. DE SUSSEX. »

Du 10 Juillet 1851.

4ᵉ LETTRE (1).

Créteil, 2 juillet 1851.

« Avant les ordonnances du 1ᵉʳ janvier 1851, la perte des eaux vannes était un fait industriel qui se rattachait uniquement à un calcul que nous avons suffisamment dévoilé : annihiler d'une part la matière agricole, dont on se rend xclusivement propriétaire, a seule fin de causer par le déficit une valeur exagérée, valeur réalisable pour la quantité systématiquement conservée. Pauvres agriculteurs ! abandonnés à la protection mensongère, à l'avidité industrielle, à l'oppression sociale qui vous arrache à la fois l'aliment et l'argent, vous n'obte-

(1) Voir l'*Echo* des 3 et 6 juillet.

nez pas même, en compensation de tant de sueurs, une garantie applicable à la conservation des éléments de la fertilité. Quelle étrange méprise humaine ! On ne voit pas que c'est l'homme qui s'anéantit lui-même en détournant la matière, en épuisant le sol, dont les atomes finis sont de véritables unités des êtres possibles.

» Eh bien non, la loi n'est pas agricole ; vous allez bientôt voir qu'elle va consacrer, sanctionner la déperdition de la matière fertilisatrice, toujours au profit de l'industrie, par un faux calcul sans doute, mais avec de funestes conséquences, dont les souffrances actuelles de l'agriculture, loin d'être le résultat absolu, ne sont encore que les présages.

» Hâtons-nous donc de revenir à l'examen des mesures de police du 1er janvier, publiées dans l'*Echo agricole* du 9 janvier dernier.

» Au fait les ordonnances de M. Carlier peuvent se résumer ainsi :

» Leur objet direct, c'est la désinfection des fosses ;

» Leur moyen, le procédé de désinfection par le sulfate de zinc et l'huile ou matières grasses ;

» Leur résultat agricole, l'écoulement des liquides sur la voie publique ; et leur résultat financier, le prélèvement de 1 fr. 25 c. par chaque mètre extrait des fosses, bien entendu au profit de la Ville ; ou bien, au lieu de la somme ci-dessus, transport des vidanges au dépotoir : en sorte que la Ville perçoit en espèces des vidangeurs, ou bien retient la matière, pour en disposer elle-même à Bondy.

» Si la salubrité demandait ces sacrifices, si l'excellence du procédé de désinfection était telle qu'il n'y ait ni danger à craindre, ni regrets à concevoir au sujet de la déperdition des eaux vannes, si, en un mot, pour justifier un instant ces ordonnances, on admet toutes les suppositions sur lesquelles elles s'appuient, il ne reste pas moins une considération de justice dans laquelle il faut inévitablement entrer, pourvu qu'on saisisse toute la teneur du système administratif de la vidange.

» Comment ! sous prétexte de non-valeur intrinsèque et de salubrité, vous autorisez les vidangeurs à déverser chaque jour sur la voie publique environ 700 mètres cubes d'eaux vannes, et la Ville prélèvera, même sur ces matières perdues, 1 fr. 25 c. qui seront reportés sur les 300 mètres utilisés pour l'agriculture ! Si comme autrefois ces 700 mètres étaient actuellement transportés à Bondy, le prélèvement de 1 fr. 25 cent. trouverait une certaine justification dans les dépenses suscitées par leur dépôt temporaire dans les bassins de la ville. Mais que, pour assurer, sans compensation aucune pour l'agriculture, un budget à la ville de Paris, on frappe les cultivateurs à la fois d'une perte en nature et d'une dépense en argent, c'est vraiment là un grand oubli de toute équité. Patience toutefois, ce n'est pas tout : il est encore une chose qu'on oublie sans cesse, tant qu'il s'agit d'alléger le fardeau dont elle est accablée, mais dont on se souvient toujours lorsqu'il sagit de rassasier l'impôt et le fisc ; cette chose c'est encore la propriété.

» Naturellement, la propriété de Paris devait s'attendre que l'écoulement de 700 mètres de liquides amènerait une réduction des deux tiers au moins sur les frais de vidanges, frais consistant principalement dans le transport. Pas du tout, les vidangeurs ne continueront pas moins de taxer chaque mètre cube à raison de 7 à 8 fr.., ce qui porte à la somme de 24 fr. la recette pour chaque mètre cube actuellement transporté par les nouveaux vidangeurs, qui seuls profiteront du nouveau système.

» Mais revenons à l'objet des ordonnances de police.

» Cet objet, c'est la désinfection des fosses, c'est la salubrité.

» Pour apprécier chimiquement quelles sont les garanties nouvelles offertes par le procédé d'écoulement, soit pour la désinfection, soit pour la salubrité, il faut d'abord poser cette question aux chimistes qui honorent assez l'autorité pour ne pas l'induire en erreur et pour lui dire la vérité.

» La désinfection au moyen des sels de zinc

peut-elle être accompagnée d'une réaction différente de celle qu'on obtient d'un sel métallique plus ordinairement employé, c'est-à-dire des sels de fer ?

» Je réponds, sans craindre la contradiction, que la réaction est la même, en tout et pour tout ; que le procédé, au point de vue chimique, n'a rien de nouveau ; que le résultat, c'est-à-dire la désinfection, n'est pas plus permanente avec un sel qu'avec un autre.

» Je ne vois donc pas ce qui a décidé l'adoption de ce procédé.

» On me dira, sans doute : La désinfection est très complète, puisqu'on peut écouler les liquides sur la voie publique. J'observerai alors que c'est admettre ici, *à priori*, l'absence des plus graves inconvénients, que l'on peut chimiquement prévoir, et dont le contraire n'est pas démontré par l'expérience. Si, d'ailleurs, la désinfection est parfaite au point de rendre les liquides tout à fait indécomposables dans le circuit qu'ils ont à parcourir, et complétement inodores, je ne vois pas quelle hâte il y a de les faire se perdre dans les égouts, et je demande même pourquoi l'article troisième des ordonnances consacre cet écoulement.

» La réponse, c'est qu'on évite ainsi le transport aux vidangeurs brevetés pour le procédé d'écoulement ou de séparation.

» Sur ce point, je ne veux pas m'appesantir et m'en tiens à ce que la désinfection des fosses n'a subi qu'une modification de forme qui ne présente pas même d'avantages pour la salubrité ; car les eaux de la Seine ne cessent pas d'être infectées. Dans le trajet de la fosse aux égouts, l'infiltration des liquides ne saurait manquer de devenir une cause prochaine d'une grande insalubrité.

» Au besoin, je reviendrai sur ce sujet, sur la nature de toute désinfection, sur la fixité possible des matières de la vidange, sur les circonstances qui peuvent, à nouveau, rendre les matières infectes et odorantes. Pour le moment, il me reste à démontrer que les motifs qui déterminent l'autorité à sanctionner la perte des eaux vannes sont très préjudiciables, parce qu'ils sont essentiellement faux. Déjà j'ai démontré que les eaux vannes ont une valeur ; maintenant il s'agit de convaincre qu'elles sont, par leur composition chimique, presque égales au bottelage ; qu'ainsi il est faux que les eaux vannes ne sont pas transportables dans le même rayon que le bottelage.

» Un mètre cube de bottelage m'a donné 250 kil. de matières sèches, et 1 mètre cube d'eaux vannes 30 kilogrammes seulement.

» Mais l'extrait des eaux vannes contient les sels les plus riches, toutes les matières solubles et l'urée, tandis que la composition chimique des matières du bottelage, essentiellement fibreuses, sont loin de présenter la même valeur.

» Voici la preuve :

	Extrait d'eaux vannes.	Extrait du bottelage.
Matières organiques non azotées	56,513	82,880
Azote	12,203	4,000
Phosphates	15,060	8,680
Sels alcalins	9,030	3,400
Terres	7,194	silice 1,040
	100,000	100,00

Le guano qu'on transporte du Pérou ne présente pas toujours 12 p. 100 d'azote. Sans aller si loin, on transporte des fumiers de Paris qui contiennent souvent moins de 3 p. 1,000 d'azote ; enfin on expédie fort loin la poudrette, qui aujourd'hui contient de 3, 7 à 4, 0 de matières absolues, soit encore d'azote, pour 1,000 kilogrammes.

» La proposition que je combats n'est donc pas soutenable.

» Enfin je rappellerai un article qui déjà a paru dans l'*Echo* du 23 janvier, et dans lequel je démontre que la déperdition des eaux vannes enlève chaque jour à notre agriculture les sommes suivantes de matières fertilisatrices :

Azote,	3,474
Sels,	2,574
Phosphates ,	4,290

» Qu'enfin, le bottelage que l'on veut bien soustraire à la déperdition systématique ne présente en substances équivalentes que :

Azote,   510
Sels,   433
Phosphates ,   1,106

» Je propose ces chiffres à l'examen, à la méditation des hommes pratiques. Je ne prétends tirer moi-même qu'une dernière conclusion, c'est que l'autorité est dans l'erreur sur le sujet qui nous occupe ; bien entendu que cette erreur ne saurait être volontaire, ou de longue durée. Nous ne croyons pas même que le système de séparation soit susceptible d'une application générale.

» Quant à l'agriculture, pour laquelle toute déperdition est irréparable, nous saisirons cette occasion de lui adresser, en présence de ses souffrances actuelles, une observation pratique : la puissance de la culture est un ensemble d'économie parfaite, et l'économie agricole ne se délègue pas. C'est donc à l'agriculture qu'appartient le soin de sauver les matières fertilisatrices, de les soustraire à l'amour du gain, à la spéculation, à l'indifférence administrative, ou du moins à son incompétence trop évidente.

» F.-S. DE SUSSEX. »

CONCLUSION.

La condition désastreuse de l'économie de la voirie se rattache aux causes suivantes:

1° Au système d'adjudication à une seule personne;

2° A l'état complétement stationnaire des procédés de traitement;

3° A la fixation du prix des engrais sans référance à leur dosage;

4° Aux sophismes dont la cause apparente est l'hygiène.

D'abord le monopole de la voirie exige deux choses indispensables, l'une à l'autre, qui rarement se trouvent réunies: — des capitaux énormes; — des procédés de traitement tels que

les qualités du produit constituent une sorte
d'assurance contre les non-valeurs, ou les va-
leurs qu'on ne peut répartir sur une surface
assez étendue. Sans ces procédés le capital a
tout à craindre; ces procédés trouvés, qui pro-
duira 6 à 7 millions, nécessaires pour utiliser
la vidange de Paris?

Le monopole, privé de ces moyens, est donc
nécessairement conduit à ces conséquences : ac-
caparer la totalité des vidanges à bas prix, afin
d'éviter la concurrence, puis détruire au moins
les deux tiers des matières, afin de suffire à
l'exploitation par des capitaux réduits, et de
créer par le déficit matériel une demande considérable à des prix tels qu'il y ait plus d'avantages à détruire qu'il n'y en aurait à utiliser les
matières.

Si la sagesse du gouvernement n'avait su
mettre un frein aux intérêts privés quand ils
pèsent sur la société tout entière, on verrait
exporter, et qui sait? détruire nos récoltes,
comme on voit perdre systématiquement les
substances qui causent l'abondance.

Il nous semble que la loi devrait connaître des délits de lèse-agriculture ; nous croyons que, si rien n'empêche encore de compromettre le sol dans sa richesse matérielle, les temps sont venus de réparer cette faute *par une législation spéciale.*

Dès à présent, si le système d'adjudication est contraire à toute économie, que la voirie soit exploitée par plusieurs, qu'elle s'ouvre à la concurrence, aux perfectionnements. Les petites exploitations sont plus rassurantes ; elles n'ont rien à perdre ; leur travail est direct, économique, intelligent.

La division de la voirie, tout en conservant un même centre, serait une mesure efficace ; rien ne remplace les avantages qu'elle présente, hormis l'exploitation de la voirie par l'agriculture et pour l'agriculture.

Pendant que nous discutons ce grave sujet, la ville de Paris se dispose à suivre les erreurs que nous venons de combattre. Cette circonstance explique l'apparition de cette brochure.

Nous avons déjà proposé au savant prédécesseur de M. le ministre de l'agriculture de créer des écoles modèles d'engrais, à l'instar des écoles modèles de culture.

La perfection de la mécanique agricole est nulle de fait sans l'économie de la substance, et nous venons de voir que l'art de disposer, de répartir sur la surface du pays, des résidus aussi importants que décomposables et peu transportables, que cet art, dis-je, n'existe pas.

Nous sommes assuré de trouver dans la science et dans les profondes sympathies de M. le ministre de l'agriculture l'accueil que réclame la question de la vidange et de la voirie de Paris.

Une réforme est urgente, et cette réforme est de nature à rétablir la vie dans les membres souffrants de l'agriculture du pays. A ces titres, nous comptons sur les sollicitudes du gouvernement, que nous espérons provoquer par les faits relatés dans ce travail.

F.-S. DE SUSSEX.

932 — Paris. Imprimerie Guiraudet et Jouaust, rue S.-Honoré, 338.